U0350895

红袋鼠物理千千问

# 神奇的吸管：
## 光学 ⑤

[加拿大] 克里斯·费里　著/绘　　那彬　译

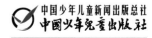

中国少年儿童新闻出版总社
中国少年儿童出版社
北　京

## 作者简介 ······················································································

　　克里斯·费里，加拿大人。80后，毕业于加拿大名校滑铁卢大学，取得数学物理学博士学位，研究方向为量子物理专业。读书期间，克里斯就在滑铁卢大学纳米技术研究所工作，毕业后先后在美国新墨西哥大学、澳大利亚悉尼大学和悉尼科技大学任教。至今，克里斯已经发表多篇有影响力的权威学术论文，多次代表所在学校参加国际学术会议并发表演讲，是当前越来越受人关注的量子物理学领域冉冉升起的学术新星。

　　同时，克里斯还是4个孩子的父亲，也是一名非常成功的少儿科普作家。2015年12月，一张Facebook（脸书）上的照片将克里斯·费里推向全球公众的视野。照片上，Facebook（脸书）创始人扎克伯格和妻子一起给刚出生没多久的女儿阅读克里斯·费里的一本物理绘本。这张照片共收获了全球上百万的赞，几万条留言和几万次的分享。这让克里斯·费里的书以及他自己都受到了前所未有的关注。

　　扎克伯格给女儿阅读的物理书，只是作者克里斯·费里的试水之作。2018年，克里斯·费里开始专门为中国小朋友做物理科普。他与中国少年儿童新闻出版总社全面合作，为中国小朋友创作一套学习物理知识的绘本——"红袋鼠物理千千问"系列。

红袋鼠兴奋地说:"我发现了魔法!等会儿我要表演给克里斯博士看。"

红袋鼠说:"看！吸管断开了！"

克里斯博士说:"你的表演很好！不过，这可不是魔法，而是科学！要明白吸管为什么看上去是这样，我们就要学学**折射**。"

克里斯博士接着说:"当光照射到一个物体上时,会发生三件事。"

　　红袋鼠说："我知道两件！'吸收'和'反射'。第三件肯定就是'折射'了。"

克里斯博士说："你说得对。吸收和反射发生在不透明的物体上，光穿不透它们。"

红袋鼠说:"那折射肯定发生在透明的东西上了。光能穿透它们,但是光往哪里走了呢?"

克里斯博士说："光在进去前是沿直线传播，它出来后仍然沿直线传播，我们要了解的是光进入玻璃杯时会怎样。"

红袋鼠说："我猜，光线的传播方向发生了偏折！"

克里斯博士说："对！这叫作**折射定律**，这条定律说的是**光在遇到另外一种透明物质时，传播的方向会发生改变**。"

折射定律

红袋鼠惊讶地说："看！光在不同材质（水、玻璃、钻石）里的传播方向，改变得很不一样呢。"

过了一会儿，红袋鼠又说："我现在在哪里都能看见折射现象！水杯的阴影里，妈妈的钻石里……"

克里斯博士补充说:"天空中也有折射现象!"

17

克里斯博士解释说："太阳光照进大气层——也就是空气——的时候，光线会由于折射而发生弯曲的现象。"

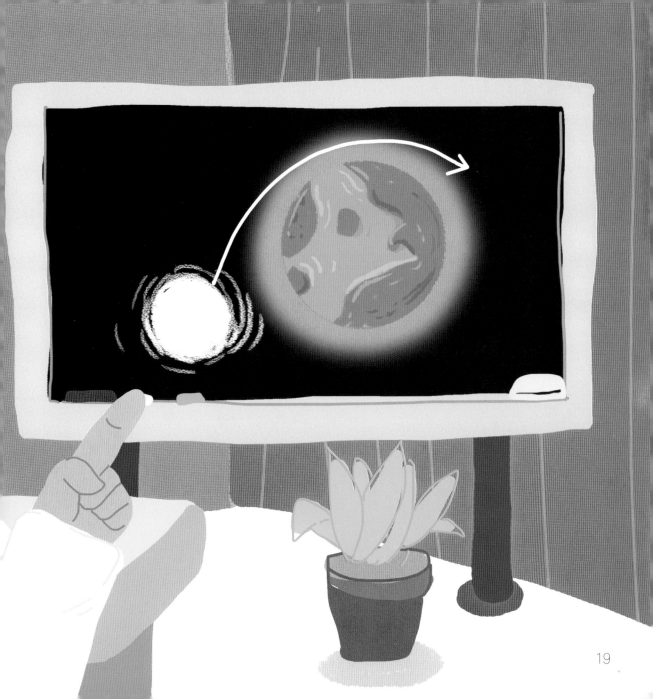

红袋鼠问："我现在能明白光的传播方向发生了改变，可是这和吸管断了有什么关系呢？"

克里斯博士回答说："吸管并没有断——是你的意识让你这么认为的！"

克里斯博士接着说："你的大脑只知道光沿直线传播。所以当光线进入你的眼睛里，你的意识就会觉得它就是从那个方向来的。"

红袋鼠问："所以我的意识看见的是不在那里的吸管？"

克里斯博士回答说："对，这叫作**光学错觉**。就连镜子里的袋鼠也是个错觉。"

红袋鼠说："我的意识觉得这里有另外一只袋鼠，但这里只有我一个。"

红袋鼠想了想，又说："所以，当我看见日落时的太阳时，其实太阳已经落下去了。"

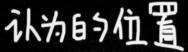

认为的位置

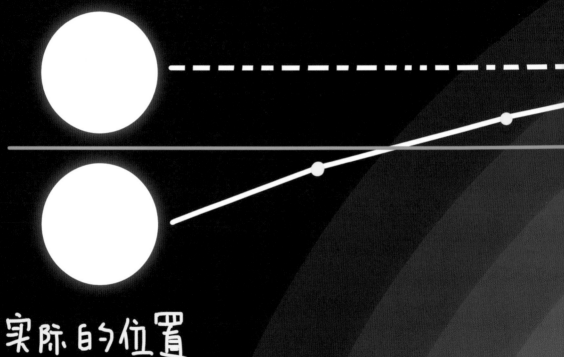

实际的位置

克里斯博士说："对，这是太阳光在地球的
大气层里发生了折射。"

大气层

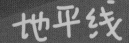

地平线

红袋鼠感叹地说:"大自然真是变幻莫测,就像魔术般神奇呀,而知识让它变得更加美丽了。"

版权合作方：  澳大利亚米酷传媒

## 图书在版编目（CIP）数据

光学. 5，神奇的吸管 ／（加）克里斯·费里著绘 ；
那彬译. — 北京 ：中国少年儿童出版社，2019.9
（红袋鼠物理千千问）
ISBN 978-7-5148-5535-7

Ⅰ．①光… Ⅱ．①克… ②那… Ⅲ．①光学－儿童读
物 Ⅳ．①043-49

中国版本图书馆CIP数据核字(2019)第124903号

HONGDAISHU WULI QIANQIANWEN
SHENQI DE XIGUAN GUANGXUE 5

出 版 发 行： 中国少年儿童新闻出版总社
中国少年儿童出版社

出 版 人：孙 柱
执行出版人：张晓楠

策 划：张 楠 审 读：林 栋 聂 冰
责任编辑：徐懿如 郭晓博 封面设计：马 欣
美术编辑：姜 楠 美术助理：杨 璇
责任印务：刘 潋 责任校对：颜 轩

社 址：北京市朝阳区建国门外大街丙12号 邮政编码：100022
总 编 室：010-57526071 传 真：010-57526075
发 行 部：010-59344289
网 址：www.ccppg.cn 电子邮箱：zbs@ccppg.com.cn

印 刷：北京利丰雅高长城印刷有限公司

开本：787mm×1092mm 1/20 印张：2
2019年9月北京第1版 2019年9月北京第1次印刷
字数：25千字 印数：10000册

ISBN 978-7-5148-5535-7 定价：25.00元